目　次

前言 ··· Ⅲ
引言 ··· Ⅴ
1　适用范围 ·· 1
2　规范性引用文件 ··· 1
3　术语和缩略语 ·· 1
　3.1　术语 ··· 1
　3.2　缩略语 ·· 3
4　基本规定 ·· 3
　4.1　监测任务 ··· 3
　4.2　工作流程 ··· 3
　4.3　技术设计 ··· 3
　4.4　数据获取 ··· 4
　4.5　数据处理 ··· 6
　4.6　精度评估 ··· 6
　4.7　质量控制 ··· 7
　4.8　监测结果综合分析 ··· 7
　4.9　成果编制与提交 ·· 7
5　InSAR技术作业流程及要求 ·· 8
　5.1　D-InSAR ··· 8
　5.2　PS-InSAR ·· 9
　5.3　SBAS-InSAR ··· 11
　5.4　CR-InSAR ·· 13
　5.5　Offset-SAR ··· 15
　5.6　其他 InSAR 方法 ··· 16
　5.7　地理编码 ·· 16
　5.8　精度评估 ·· 17
6　滑坡监测 ··· 18
　6.1　监测内容 ·· 18
　6.2　监测方案 ·· 18
　6.3　方法要求 ·· 19
　6.4　数据处理结果验证 ·· 19
　6.5　监测结果综合分析 ·· 20
7　崩塌（危岩体）监测 ··· 20
　7.1　监测内容 ·· 20
　7.2　监测方案 ·· 20

7.3 方法要求	21
7.4 数据处理结果验证	21
7.5 监测结果综合分析	21
8 泥石流监测	22
8.1 监测内容	22
8.2 监测方案	22
8.3 方法要求	23
8.4 数据处理结果验证	23
8.5 监测结果综合分析	23
9 地面塌陷监测	24
9.1 监测内容	24
9.2 监测方案	24
9.3 方法要求	25
9.4 数据处理结果验证	25
9.5 监测结果综合分析	25
10 地面沉降与地裂缝监测	26
10.1 监测内容	26
10.2 监测方案	26
10.3 方法要求	26
10.4 数据处理结果验证	27
10.5 监测结果综合分析	27
11 成果编制与提交	27
11.1 成果报告编制	27
11.2 成果图件编制	28
11.3 成果提交	29
附录 A（资料性附录） 地质灾害主要变形监测技术优缺点及适用性	30
附录 B（规范性附录） 地质灾害 InSAR 监测工作条件分类	31
附录 C（资料性附录） 现有可用星载 SAR 传感器基本参数及应用特征	32
附录 D（规范性附录） 各灾种 InSAR 监测技术方法及内符合精度要求	34
附录 E（资料性附录） InSAR 技术方法及适用条件	35
附录 F（规范性附录） 人工角反射器（CR）及其雷达后向散射横截面	36
附录 G（资料性附录） 成果报告提纲	37

前 言

本指南按照 GB/T 1.1—2009《标准化工作导则 第1部分：标准的结构和编写》给出的规则起草。

本指南附录 A、C、E、G 为资料性附录，B、D、F 为规范性附录。

本指南由中国地质灾害防治工程行业协会提出并归口。

本指南主编单位：中国地质科学院地质力学研究所、中国国土资源航空物探遥感中心。

本指南参编单位：中国科学院地理科学与资源研究所、长安大学、中国地质环境监测院。

本指南主要起草人：张永双、姚鑫、葛大庆、兰恒星、赵超英、王艳、李凌婧、郭长宝、徐素宁、杨成生、高星、杨志华。

本指南由中国地质灾害防治工程行业协会负责解释。

引 言

地表变形是地质灾害孕育发展过程中最直接有效的监测指标之一。InSAR 技术具有获取变形信息范围大、灵敏度高、非接触、可回溯、适应广等优势，近年来在地质灾害监测工作中得到越来越多的应用。为了规范和引导地质灾害 InSAR 监测工作，国土资源部发布了《国土资源部关于编制和修订地质灾害防治行业标准工作的公告》(2013 年第 12 号)，确定将《地质灾害 InSAR 监测技术指南》(试行)纳入地质灾害防治行业标准。本指南旨在搭建 InSAR 技术与工程应用间的桥梁，指导地质灾害 InSAR 监测的方案部署、SAR 数据选取、监测方法运用、监测资料整理、综合分析等工作，为地质灾害调查评价和监测预报等提供技术支持。

本指南在编写过程中，认真研究了国内外有关地质灾害监测技术规范标准和较为成熟的 InSAR 技术方法。在此基础上，针对滑坡、崩塌(危岩体)、泥石流、地面塌陷、地面沉降与地裂缝灾害，分别提出了 InSAR 监测技术要求。

本指南的某些内容可能涉及专利。本指南的发布机构不承担识别这些专利的责任。

地质灾害 InSAR 监测技术指南(试行)

1 适用范围

本指南规定了星载 InSAR 技术监测地质灾害的方案部署、SAR 数据选取、监测方法运用、精度指标、监测资料整理、地质灾害分析等技术要求。

本指南适用于指导滑坡、崩塌(危岩体)、泥石流、地面塌陷、地面沉降与地裂缝等地质灾害的 InSAR 识别与监测工作,其他地表变形监测可以参考。

2 规范性引用文件

下列文件对于本指南的应用必不可少。凡是注明日期的引用文件,仅注日期的版本适用于本指南。凡是不注日期的引用文件,其最新版本(包括所有的修改单)适用于本指南。

GB 50026—2007　工程测量规范
GB/T 15968—2008　遥感影像平面图制作规范(1∶50 000、1∶250 000)
JGJ 8—2007　建筑变形测量规范
YS 5229—96　岩土工程监测规范
DZ/T 0261—2014　滑坡崩塌泥石流调查技术规范(1∶5 万)
DZ/T 0283—2015　地面沉降调查与监测规范
DZ/T 0221—2006　崩塌、滑坡、泥石流监测规范
DZ/T 0296—2016　环境地质遥感监测技术要求(1∶250 000)
DD2014—11　地面沉降 InSAR 监测规范
DD2012—01　滑坡监测技术规范
DD2015—01　地质灾害遥感调查技术规定
DD2012—03　1∶5 万岩溶塌陷调查规范
DD2015—08　地裂缝调查规范
DD2015—02　活动断层与区域地壳稳定性调查评价规范(1∶50 000、1∶250 000)
DD2011—02　遥感解译地质图制作规范

3 术语和缩略语

下列术语和缩略语适用于本指南。

3.1 术语

3.1.1

地质灾害 Geo-hazard

由自然或人类活动等因素引发的对生命财产造成损失的地质现象。

注:本指南中的地质灾害主要包括滑坡、崩塌(危岩体)、泥石流、地面塌陷、地面沉降与地裂缝。

3.1.2

危岩体 Unstable rock

具备发生崩塌的条件,且已出现崩塌前兆的岩体。

3.1.3

合成孔径雷达干涉测量 Interferometric Synthetic Aperture Radar

对同一地区不同期次 SAR 数据中的相位信息进行干涉计算的技术,本指南中特指利用 SAR 数据提取地质灾害体变形的技术,简称干涉测量,包括差分合成孔径雷达干涉测量(D-InSAR)、短基线集合成孔径雷达干涉测量(SBAS-InSAR)和永久散射体合成孔径雷达干涉测量(PS-InSAR)等。

3.1.4

差分合成孔径雷达干涉测量 Differential InSAR

对干涉相位进行差分处理,包括去除地形、平地和基线等相位分量以获取变形信息的干涉测量方法。

3.1.5

时序合成孔径雷达干涉测量 Time Series InSAR

通过长时间序列的 InSAR 分析,去除或削弱大气、地形、轨道、高程误差,获取高精度时间序列地表变形信息的 InSAR 数据处理方法。

注:典型方法有 PS-InSAR 和 SBAS-InSAR 等。

3.1.6

永久散射体合成孔径雷达干涉测量 Persistent Scatterer InSAR

对长时间序列 SAR 影像集中的永久散射体进行时间和空间域变形量计算,以提取高精度时序变形信息的干涉测量方法。

3.1.7

短基线集合成孔径雷达干涉测量 Small Baseline Subsets InSAR

利用时间和空间基线均小于给定阈值的干涉像对构成多个差分干涉图集,对相干像元的差分相位序列进行时序分析,以获取相干像元变形量时序的干涉测量方法。

3.1.8

合成孔径雷达数据偏移变形测量 Offset-SAR

通过不同 SAR 图像间的配准偏差提取影像间隔期内地表变形的方法。

3.1.9

堆叠干涉测量 Stacking-InSAR

利用多景解缠后的 D-InSAR 结果计算变形的方法。

3.1.10

重复轨道数据 Repeat Pass Data

卫星在不同时刻、重复轨道条件下对同一地区进行监测获取的 SAR 数据。

3.1.11

角反射器 Corner Reflector

能将雷达入射信号沿原路径反射回去,并在 SAR 图像上形成高强度信号的人工装置。

3.1.12

空间基线 Spatial Baseline

同一地区两景 SAR 影像上同名点在卫星轨道上的连线。

3.1.13
时间基线 Temporal Baseline

监测同一地区的两景重复轨道 SAR 影像的时间差。

3.2 缩略语

SAR 合成孔径雷达(Synthetic Aperture Radar)

InSAR 合成孔径雷达干涉测量(Interferometric SAR)

TS-InSAR 时序合成孔径雷达干涉测量(Time Series InSAR)

D-InSAR 差分合成孔径雷达干涉测量(Differential InSAR)

PS-InSAR 永久散射体合成孔径雷达干涉测量(Persistent Scatterer InSAR)

SBAS-InSAR 短基线集合成孔径雷达干涉测量(Small Baseline Subsets InSAR)

IPTA-InSAR 相干点目标分析干涉测量(Interferometric Point Target Analysis InSAR)

CR 角反射器(Corner Reflector)

CR-InSAR 角反射器合成孔径雷达干涉测量(Corner Reflector InSAR)

DEM 数字高程模型(Digital Elevation Model)

SRTM 航天飞机雷达测地任务(Shuttle Radar Topography Mission)

4 基本规定

4.1 监测任务

地质灾害 InSAR 监测主要任务如下：
a) SAR 数据覆盖范围内具有缓慢变形要素的多种地质灾害综合识别。
b) 工作目的设定的地质灾害时空变形信息获取。
c) 变形监测结果精度评价及质量控制。
d) 识别和监测结果综合验证。
e) 地质灾害发育规律和灾害体稳定性分析。

4.2 工作流程

利用 InSAR 技术开展地质灾害监测的工作流程主要包括技术设计、数据获取、数据处理、精度评估、质量控制、结果分析、成果编制与提交七部分。

4.3 技术设计

4.3.1 需求分析

4.3.1.1 应分析地质灾害特征和监测条件，比较各种变形监测方法的优缺点，充分了解 InSAR 技术对拟监测对象的适用性，提出采用 InSAR 技术的依据，参考附录 A。

4.3.1.2 应根据地质条件及 SAR 数据源，在工作之初明确地质灾害 InSAR 监测拟获取的变形信息(如：覆盖区域、变形量、位移方向、变形范围、变形速率等)、达到的精度、成果的表达形式、最终要解决的问题等，使其与工作目标、数据条件和成本相匹配。

4.3.2 资料收集

4.3.2.1 应收集监测区 SAR 数据存档信息,监测区在轨 SAR 数据参数、在轨状况和编程定制规则,监测区光学遥感图像,监测区域数字地形图和 DEM。

4.3.2.2 应搜集监测区地质灾害调查和已有监测成果资料,监测区地层岩性与活动断裂,监测区及周边的地震、降水、人类工程活动情况等资料。

4.3.3 地质背景分析

4.3.3.1 应根据搜集到的各类资料,分析地质灾害形成条件和 SAR 成像特点,为 InSAR 监测数据选取、处理方法、参数确定和监测结果地质分析提供参考依据。

4.3.3.2 地质背景分析应考虑地质灾害的类型、时空发育特征、发育阶段、灾害发生的时间段、灾害体的变形梯度、地形、植被、气候、地层岩性、地震和活动构造、SAR 数据干涉条件、人类工程活动等因素。

4.3.4 技术设计书编写

4.3.4.1 开展地质灾害 InSAR 监测之前,应编制独立的技术设计书。

4.3.4.2 技术设计书应包括下列内容:
- a) 任务来源及目的、意义。
- b) 监测区地质背景及 InSAR 技术适用性分析。
- c) SAR 数据选择及数据处理方法。
- d) 监测数据精度要求与质量控制措施。
- e) 监测结果验证方式和方法。
- f) 地质灾害区域发育规律和地质稳定性分析方法。
- g) 人员组成、任务分工及工作进度安排。
- h) 预期提交成果。
- i) 成果资料检查验收方案。
- j) 监测工作部署图。

4.3.4.3 在技术设计环节,工作量的投入应根据监测区的工作条件(参考附录 B)给出。

4.4 数据获取

4.4.1 InSAR 监测类型及对应的数据要求

InSAR 监测精度按从低到高可分为 4 个级别,与之对应的 SAR 数据空间分辨率、数据类型、数据量及精度宜满足下列规定:

- a) 灾害集中区发现(Discovery):分辨率优于 40.0 m,以扫描模式 SAR(ScanSAR)数据模式或递进地形扫描 SAR(TOPSAR)数据模式为主,所需景数不少于 2 景,分米级至米级精度。
- b) 灾害空间分布探测(Detection):分辨率优于 20.0 m,以条带模式(Strip)为主,所需景数不少于 2 景,厘米级至分米级精度。
- c) 灾害变形规律识别(Recognition):分辨率优于 15.0 m,以聚束模式(Spot)和条带模式(Strip)为主,所需景数不少于 8 景/a,毫米级精度。
- d) 灾害发育特征确认(Identification):分辨率优于 5.0 m,以凝视模式(Staring Spot)和聚束模式(Spot)为主,所需景数不少于20景/a,总数不少于40景,亚毫米级精度。

4.4.2 SAR数据选取基本原则

4.4.2.1 应根据监测目的和监测对象特点,结合监测区SAR数据接收情况,获取存档数据,编程定制工作周期内的SAR数据,现有可供选择的主要星载数据源详见附录C。

4.4.2.2 SAR数据选择具体考虑的因素有:灾害体变形量值、位移方向、地表变化、地形坡度、空间范围、时序特征以及所需监测精度、监测时间长度和监测模式等。

4.4.2.3 应根据监测区内最大变形量和变形梯度公式(1)换算工作区内所需SAR数据的数量、数据幅宽、波长、重访周期、分辨率、成像模式(聚束、条带、扫描)等参数。

$$d_{max} = \frac{(N_T - 1) \cdot \lambda}{4} \quad \cdots\cdots\cdots\cdots\cdots\cdots\cdots (1)$$

式中:

d_{max}——相邻监测点间年最大变形量;

N_T——雷达在一年内最大的重复次数;

λ——雷达波长。

4.4.2.4 当区内最大变形量超过理论最大变形梯度时,可考虑更换数据类型,采用增大雷达波长、缩短重访周期、增加像元空间分辨率等方式。

4.4.2.5 当预订顺轨方向同一期的SAR数据2景及以上时,宜选择长条带数据;如果按照单景定制,同期相邻两景影像重叠度应超过15%影像长度,跨轨数据相邻两景影像间重叠度应超过15%影像幅宽。

4.4.2.6 生成优于10 mm监测精度成果,SAR数据量宜不少于8景/a,生成非线性变形监测成果,数据量宜不少于16景/a。

4.4.2.7 以1:10万比例尺图件表达InSAR变形成果宜采用分辨率优于15 m的SAR数据,以1:25万比例尺图件表达InSAR变形成果宜采用分辨率优于30 m的SAR数据。

4.4.2.8 雷达波入射角的选择,以雷达视线向与最大位移方向夹角最小为优,尽量避免山体阴影、叠掩、透视收缩等成像扭曲现象。

4.4.2.9 首选同极化SAR数据,次选交叉极化SAR数据。

4.4.3 辅助数据选择

4.4.3.1 进行数据处理前,应选择适当的辅助数据,主要包括InSAR数据处理所需要的DEM、成果底图、部分SAR卫星精密轨道。

4.4.3.2 DEM数据应满足以下要求:
a) 宜选择分辨率优于SAR影像分辨率的DEM数据,在不能获取高分辨率DEM的地区可使用SRTM DEM等中低分辨率数据。
b) DEM数据在空间上应保持一致,无跳变和空洞,如发生质量问题,当面积不超过20%时宜用其他数据补充,当面积超过20%时宜更换数据。
c) 选用的DEM比例尺应不低于InSAR监测成果比例尺。
d) DEM数据的现势性应与SAR数据时相接近。

4.4.3.3 可将地形图中高程点和等高线转换成DEM数据用于InSAR处理,其平面精度和高程精度换算关系参考《地面沉降InSAR监测规范》(DD 2014—11)。

4.4.3.4 成果底图数据可选用SAR强度数据、光学遥感影像、地形图、DEM晕渲图等数据的一种

或几种,应满足:
   a) 首选SAR强度影像作为中等比例尺成果底图,以不小于1∶10万比例尺表达成果时宜选用高分辨率的光学遥感影像作为底图。
   b) 光学影像数据宜选用云层覆盖量小于20%、数据缺失不超过5%,且辐射校正后的数据。

4.5 数据处理

4.5.1 应充分利用SAR数据源,综合运用Offset-SAR、D-InSAR、SBAS-InSAR、PS-InSAR及其他TS-InSAR方法进行监测,确保米级、分米级、厘米级、毫米级等各尺度变形的连续覆盖。

4.5.2 InSAR数据处理方法适用的精度条件如下:
   a) 强度图像可视化SAR数据处理用于目视分析地质背景、预估相干性。
   b) Offset-SAR方法识别明显变形,可监测变形速率一般可达1 m/a。
   c) Stacking-InSAR观测组合识别大变形,可监测变形速率一般为1 cm/a～1 m/a。
   d) SBAS-InSAR数据监测较大变形,可监测变形速率一般为1 cm/a～1 dm/a。
   e) PS-InSAR监测长期微小线性变形和非线性变形,可监测变形速率一般为1 mm/a～1 dm/a。

4.5.3 干涉雷达数据处理过程中应符合下列规定:
   a) 有精密轨道的卫星数据宜优先使用精密轨道。
   b) D-InSAR与TS-InSAR应进行轨道趋势误差去除。
   c) 具有与卫星同步拍摄的大气数据,宜试算去除大气延迟误差。
   d) 相邻两轨InSAR观测应在重叠区选择同一参考基点,在重叠区内二者变形量相关系数宜大于0.95。
   e) InSAR数据处理结果应进行地理编码,以便于结果质量评价和地质分析。

4.6 精度评估

4.6.1 内符合评估

4.6.1.1 数据处理结果精度的内符合评估宜采取以下方式:
   a) 变形量或变形速率直方图。
   b) 空间分布状态。
   c) 空间离群值查找。
   d) 半变异函数/协方差分析。
   e) 变形年速率中误差的大小。
   f) 将不同SAR数据、不同处理方法的结果投影到同一方向进行交叉检验。

4.6.1.2 各灾种InSAR数据处理结果的内符合精度应符合附录D的要求。

4.6.2 外符合评估

数据处理结果精度的外符合评估宜采取以下方式:
   a) 与GPS、水准、全站仪等地表监测结果比较,地表监测标准应符合《工程测量规范》(GB 50026—2007)、《崩塌、滑坡、泥石流监测规范》(DZ/T 0221—2006)和《滑坡监测技术规范》(DD 2012—01)。
   b) 光学遥感影像解译的宏观变形破坏特征对比分析,解译标准应符合《地质灾害遥感调查技术规定》(DD 2015—01)。
  c) 野外实地调查检验地质灾害变形破坏特征的评估方式参见《滑坡崩塌泥石流调查技术规范(1∶5万)》(DZ/T 0261—2014)、《1∶5万岩溶塌陷调查规范》(DD 2012—03)、《地面沉降调查与监测规范》(DZ/T 0283—2015)、《地裂缝调查规范》(DD 2015—08)。

4.6.3 精度验证数据宜与InSAR监测成果在时空上一致,且在空间上分布均匀,精度验证应符合《岩土工程监测规范》(YS 5229—96)。

4.7 质量控制

4.7.1 质量过程控制

质量控制应贯穿地质灾害InSAR监测工作全过程,包括下列内容:
  a) 地质灾害InSAR监测方案设计审查。
  b) 数据处理过程文件汇交备查。
  c) 数据处理结果精度评估。
  d) 地质分析结果野外抽查。
  e) 地质灾害InSAR监测成果评审。

4.7.2 数据处理质量控制

4.7.2.1 在InSAR数据处理过程中应保存重要过程参数和过程文件,以便进行后续质量控制。

4.7.2.2 应建立质量控制文件,记录软件模块、版本及相应处理过程的命令参数或脚本程序源代码。文件的命名包括工作区、数据类型、数据量、处理方法、处理时间(年月日)和处理者等主要信息。

4.7.2.3 质量控制文件应保存SAR数据参数、干涉像对的匹配及其时空基线、单视复数图像纠正多项式参数和标准差、DEM转到SAR坐标系统下的纠正多项式参数和标准差、轨道误差、大气误差、高程误差等重要参数指标。

4.7.2.4 存储重要步骤的图形文件,应包括通用文件、Offset-SAR处理过程图件、D-InSAR处理过程图件、PS-InSAR处理过程图件和SBAS-InSAR处理过程图件等。

4.8 监测结果综合分析

4.8.1 区域地质灾害及单个灾害体InSAR监测结果应与地质调查、测绘和勘查成果对比分析,进行可靠性验证。

4.8.2 应根据地质灾害的位置、规模、影响因素、灾害前兆、灾害区的工程地质和水文地质条件以及稳定性验算结果等综合判定,并分析发展趋势和危害程度。

4.8.3 综合分析的要素宜包括区域地质灾害的发育分布、活动构造、地层岩性、地形坡度和坡向、浅表层地下水分布和开采情况、工程活动等。

4.8.4 综合分析方法宜采用彩色渲染、动态显示、空间分析、剖面线分析、等值线分析、变形面积统计等技术。

4.8.5 监测结果分析过程中应注意:InSAR位移速率主要反映垂直变形及部分近东西向变形,对南北向变形不敏感;大气与轨道误差导致的趋势性变形误差,勿与构造变形误差混淆。

4.9 成果编制与提交

4.9.1 InSAR监测工作结束后,应编制专门的成果报告和图件并及时提交。

4.9.2 InSAR监测成果应包括报告、图件、数据等。

5 InSAR技术作业流程及要求

InSAR技术的选择应根据监测对象、应用环境、监测精度、可监测的量程、所需数据量和观测频率、技术复杂程度等因素综合确定,可参照附录E。

5.1 D-InSAR

5.1.1 基本流程

D-InSAR技术数据处理的基本流程如图1所示。

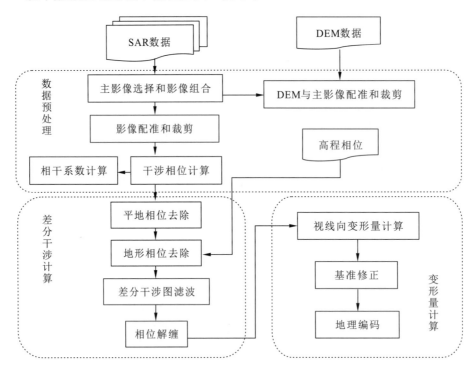

图1 D-InSAR数据处理基本流程图

5.1.2 数据预处理

5.1.2.1 主影像选择和影像组合

在满足空间基线和时间基线要求的前提下,SAR主影像的选择及影像组合生成像对的步骤应符合如下规定:
a) 计算所有影像像对的时间和空间基线,生成时间和空间基线分布图。
b) 选择设计工作周期内空间基线尽量短的像对,宜选择时间早的影像作为主影像。

5.1.2.2 影像配准和裁剪

已组合好的像对,根据主影像进行配准,并将所有影像裁剪成范围一致区域,具体步骤应符合如下规定:
a) 选择配准算法,设置配准参数,对每个像对进行配准计算。
b) 主、辅影像配准时要求方位向和距离向误差均小于0.25个像元,且计算配准多项式的同名点应在整景影像上均匀分布。
c) 所有配准影像裁剪后的公共区域应大于或等于设计的监测工作范围,如有缺失应及时补充数据。
d) 选择配准影像中的公共区域作为InSAR处理范围,将所有影像裁剪成相同范围的区域。

5.1.2.3 DEM与SAR影像配准和裁剪

将DEM与选好的主影像进行配准,并将DEM范围裁剪成与主影像范围一致,具体步骤应符合如下规定:
a) 应对DEM采样成与主影像一致的分辨率。
b) 将DEM与主影像进行配准,配准精度应优于0.5个像元。
c) 依据配准关系式,计算生成DEM坐标系到SAR影像坐标系的转换查找表。
d) 依据转换查找表,利用多项式拟合算法,将DEM转换到SAR影像坐标系,生成影像坐标系下的DEM。

5.1.2.4 干涉相位计算

对已配准主、辅影像进行前置滤波,并计算生成干涉图,具体步骤应符合如下规定:
a) 前置滤波。在频率域,截取主、辅影像的公共频带进行前置滤波,生成滤波后的主、辅影像。
b) 干涉相位计算。对已经过前置滤波的主、辅影像像元对进行复共轭相乘,生成干涉相位值,逐像元计算生成干涉图。

5.1.2.5 相干系数计算

依据相干系数计算公式,对经过滤波的主、辅影像差分干涉像元,选择窗口大小,逐像元计算相干系数,生成相干图。

5.1.3 差分干涉计算

5.1.3.1 平地与地形相位去除

依据空间基线参数和地球椭球体参数,计算平地相位;利用配准后的DEM,计算地形相位。从干涉相位中去除平地和地形相位,生成差分干涉相位,逐像元计算生成差分干涉图。

5.1.3.2 差分干涉图滤波

宜选用自适应滤波方法对干涉图差分相位滤波,得到相位缠绕的差分干涉图。

5.1.3.3 相位解缠

对相位缠绕的差分干涉图进行解缠,具体步骤应符合如下规定:
a) 宜采用空间域二维相位解缠方法,主要包括枝切法、最小费用流法等。
b) 干涉图整体相干性较低时,宜采用基于不规则格网的最小费用流法,依据相干图对相干系数大于0.4的像元进行相位解缠。
c) 干涉图整体相干性较高时,宜采用枝切法进行相位解缠。对于不连续的"孤岛"区域,可采用手动连接方式设定枝切线,连接解缠区域。
d) 目视检查解缠结果质量。解缠后相位图的幅度值是否连续、有无跳变存在;无解缠结果区域是否为低相干区域,水体、阴影区、叠掩区等不合理地区是否在计算差分干涉步骤中被掩膜,且不被计算。

5.2 PS-InSAR

5.2.1 基本流程

PS-InSAR技术数据处理的基本流程如图2所示。

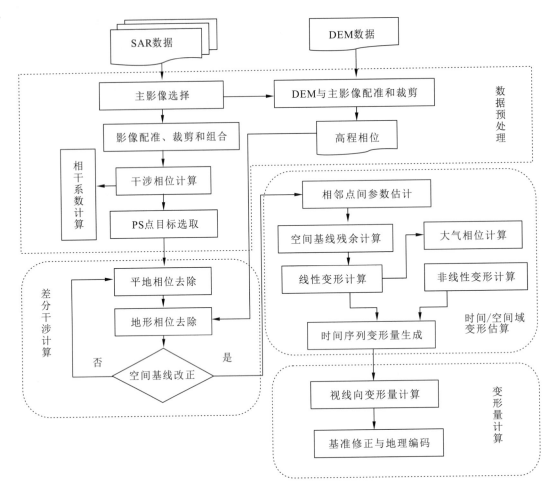

图 2　PS-InSAR 数据处理基本流程图

5.2.2 数据预处理

5.2.2.1 主影像选择。PS-InSAR 方法宜选择单一主影像。在满足空间基线和时间基线要求的前提下，SAR 主影像的选择和像对组合工作步骤如下：
 a) 计算所有影像像对间的时间和空间基线，生成时间和空间基线分布图。
 b) 选择时间和空间基线居中的一景作为主影像。

5.2.2.2 影像配准、裁剪和组合。所有 SAR 影像对主影像进行配准、裁剪，并组合生成时间序列干涉图集。具体步骤应符合如下规定：
 a) 所有影像对主影像进行配准。配准方法见 5.1.2.2。
 b) 将所有数据裁剪成范围一致的区域。剪裁要求见 5.1.2.2 和 5.1.2.3。
 c) 对所有已配准的干涉像对，按照时间序列分别与主影像进行像对组合，逐像元计算干涉相位，生成时间序列干涉图集。

5.2.2.3 DEM 与主影像配准和裁剪。将 DEM 与主影像进行配准，并将 DEM 范围裁剪成与主影像一致。具体步骤见 5.1.2.3。

5.2.2.4 干涉相位计算。将所有主、辅影像前置滤波，计算干涉相位，生成干涉图。具体步骤见 5.1.2.4。

5.2.2.5 PS点目标选取

对时间序列干涉图集的像元进行PS点目标筛选。具体步骤应符合如下规定：
a) PS点目标识别。SAR数据PS点目标的识别宜采用幅度离差指数法、信噪比法等方法。结合监测区地物类型，宜选择一种或多种方法，以提高PS点目标识别的准确性。
b) PS点目标干涉相位序列生成。将满足上述条件要求的点目标从干涉图集中提取出来，生成PS点目标的干涉相位序列。

5.2.3 差分干涉计算

5.2.3.1
平地和地形相位去除。对由PS点目标组成的干涉图，进行平地和地形相位的去除，具体步骤应符合5.1.3.1的规定。

5.2.3.2
空间基线改正。目视检查每景差分干涉图，若含有残余干涉条纹超过半个波长，计算空间基线残余相位并去除。具体步骤应符合下列规定：
a) 利用二次曲面模型对差分干涉图进行空间基线粗估计，得到空间基线的粗估计相位；再利用差分干涉图中差分相位减去粗估计相位，得到残余相位。
b) 利用快速傅立叶变换对残余相位进行估计，得到残余基线相位。
c) 将步骤a)中空间基线粗估计相位加上步骤b)中的残余基线相位，得到改正的空间基线相位。
d) 利用改正的空间基线相位，对5.2.3.1中的平地相位去除残余平地相位，计算得到改正后的平地相位和干涉图集。

5.2.4 时间/空间域变形估算

对干涉图的差分干涉相位应进行时间和空间域的线性变形相位估计，如有要求还应进行非线性变形相位估计，去除大气、噪声等残余相位，得到每个点目标的时间序列变形相位。PS-InSAR的计算步骤应符合下列规定：
a) 相邻点间参数估计。将PS点目标相连接构成Delaunay不规则三角网（DTIN）（或称冗余网），依据点间连接关系求解相邻点差分相位差。
b) 线性变形相位和残余高程相位计算。依据空间基线、时间基线关系，建立PS点目标的二维周期图，以此为目标函数使模型相关系数最大化，估算相邻点间的线性变形速率和DEM误差值。若监测工作设计书仅要求线性变形成果，则可直接输出成果进行垂直向变形量计算，生成地面沉降速率图。
c) 非线性变形相位和大气相位计算。从差分干涉相位中去除步骤b)中两项相位量，得到残余相位。对该残余相位进行空间域均值滤波，计算得到主影像大气相位。对去除主影像大气相位的残余相位进行空间域低通滤波和时间域高通滤波，得到辅影像大气相位，并进一步分解出非线性变形相位。
d) 时间序列变形相位计算。将步骤b)中线性变形相位和步骤c)中非线性变形相位相加，结合时间基线参数，得到每个PS点目标的时间序列变形相位。

5.3 SBAS-InSAR

5.3.1 基本流程

SBAS-InSAR技术数据处理的基本流程如图3所示。

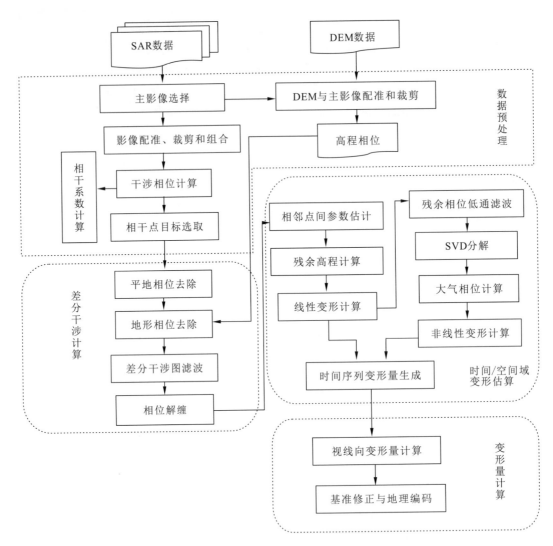

图3 SBAS-InSAR数据处理基本流程图

5.3.2 数据预处理

5.3.2.1 SAR主影像的选择和像对组合工作步骤应符合下列规定：
  a) 计算所有影像对间的时间和空间基线，生成时间和空间基线分布图。
  b) 采用时间和空间基线均满足给定阈值的像对组合生成差分干涉图集，在满足空间基线和时间基线要求的前提下，不应超过极限基线距的30%，C和X波段空间基线阈值宜定为300 m，L波段空间基线阈值宜定为500 m；时间基线根据监测对象的变化特征而定，时间基线越短越好，最大时间阈值不宜超过3 a。

5.3.2.2 所有SAR数据对一景影像进行配准、裁剪，并组合生成时间序列干涉图集，具体步骤如下：
  a) 选择非夏季、时空基线尽量居中的影像作为配准参考影像，所有影像对其进行配准。配准方法应符合5.1.2的规定。
  b) 将所有数据裁剪成一致的区域，剪裁要求见5.1.2.2。

c) 对所有配准好的干涉像对,按时间和空间基线限制条件,选择像对组合。逐像元计算干涉相位,生成时间序列干涉图集。

5.3.2.3 将 DEM 与配准参考影像进行配准,将 DEM 范围裁剪成与配准参考影像一致区域。具体步骤应符合 5.1.2.3 的规定。

5.3.2.4 将所有主、辅影像前置滤波,计算干涉相位,生成干涉图。具体步骤见 5.1.2.4。

5.3.2.5 相干系数计算。具体步骤见 5.1.2.5。

5.3.2.6 相干点目标选取。对时间序列干涉图集的像元进行相干点目标的筛选,具体步骤应符合下列规定:

a) 相干点目标选取。相干点目标的识别可采用 5.2.2.5 中的 PS 点目标筛选方法,也可根据时间序列相干系数统计值选取。

b) 相干点目标干涉相位序列生成。将满足上述条件要求的辅影像与主影像进行相位干涉处理,提取相干点目标的干涉相位序列图。

5.3.3 差分干涉计算

5.3.3.1 平地和地形相位去除的具体步骤应符合 5.1.3.1 的规定。

5.3.3.2 差分干涉图滤波的具体步骤应符合 5.1.3.2 的规定。

5.3.3.3 相位解缠的具体步骤应符合 5.1.3.3 的规定。

5.3.4 时间/空间域变形估算

对干涉图的差分干涉相位应进行时间域的线性变形相位估计,如有特殊要求,还应进行非线性变形相位估计,去除大气、噪声等残余相位,得到点目标的时间序列变形相位。计算步骤应符合下列规定:

a) 相邻点间参数估计方法应符合 5.2.4 a)的规定。

b) 线性变形相位和残余高程计算方法应符合 5.2.4 b)的规定。

c) 残余相位低通滤波。从差分干涉相位中减去步骤 a)中两项相位分量后得到残余相位,对残余相位进行空间域低通滤波得到滤波后的残余相位。

d) 奇异值分解处理。根据短基线像对组合关系,对步骤 b)得到的滤波后残余相位进行奇异值分解(SVD)处理,求解每个影像对应时刻的大气相位和非线性变形相位。

e) 大气相位和非线性变形相位计算。对奇异值分解得到的大气相位和非线性变形相位进行空间域高通滤波,得到大气相位,并对滤波后的相位序列进行时域低通滤波,得到非线性变形相位。

f) 时间序列变形相位计算。将步骤 b)中线性变形相位和步骤 e)中非线性变形相位相加,结合时间基线参数,得到每个相干点目标的时间序列变形相位。

5.4 CR-InSAR

5.4.1 基本流程

CR-InSAR 技术数据处理的基本流程如图 4 所示。

5.4.2 CR-InSAR 选点要求

a) CR 基准点应固定在稳定且易长期保护的区域,基座和拉线亦应保持长期稳定。

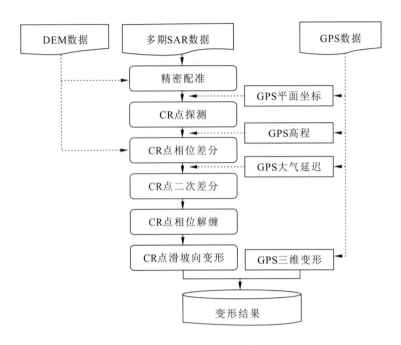

图 4　CR-InSAR 数据处理基本流程图

b) CR 监测点应选在具有变形代表性的区域,且固定在地表,基座应用水泥浇注,辅助拉线固定。
c) 应保证 CR 的指向和方位长期不变,且拉线和基座应位于同一变形体上。

5.4.3　CR 安装环境要求

a) CR 点位应远离大功率无线电发射源和高压输电线,距离分别不小于 200 m 和 100 m,对于容易产生多路径散射的物体,一般要远于 100 m。
b) CR 点位附近不应有强烈干扰接收卫星信号的物体,并应远离镜面建(构)筑物、正对的坡面强反射体。
c) CR 应安置在背景反射特性较弱的地方,以便于在 SAR 影像中提取其位置。

5.4.4　CR 的设计与安装

a) CR 在制作时,需根据周围地表的反射特性及雷达入射波长,合理选择制作类型和设计尺寸。
b) 应根据附录 F.3 计算雷达后向散射横截面,确定信号反射强度。
c) CR 有单面形状为等腰直角三角形和正方形两种,宜选择等腰直角三角形 CR,边长为 1m 的三面角反射器的几何结构和参数参见附录 F.1。

5.4.5　CR 的制作

CR 的制作应符合下列要求:
a) 为实现高反射性和高反射效率,需要选择表面光滑、导电性好的材料。
b) 材料宜选择铝板和镀锌铁皮双层结构,铝板厚度取 3 mm,外加镀锌铁皮(1mm 厚)以保护反射面(铝板),边侧加三角角钢加固。

c) 确保三块金属板之间的相互垂直关系,要求角度加工公差不超过±1°。
d) CR 棱边设置了三个活动关节,通过伸缩杆来调节 CR 的仰角。
e) 在 CR 顶底处设置一漏水孔,使 CR 不至于积水影响其反射路线。
f) 获得最大反射截面(RCS),应符合附录 F.3 的规定。
g) 根据雷达数据轨道信息来调整角反射器的底边方位角,并使角反射器的底边与卫星飞行方向平行,见附录 F.2。
h) 应注意保证 CR 在野外可以微调(方位角和仰角方向),并要保证其具有稳固性。

5.5 Offset-SAR

5.5.1 基本流程

Offset-SAR 技术数据处理的基本流程如图 5 所示。

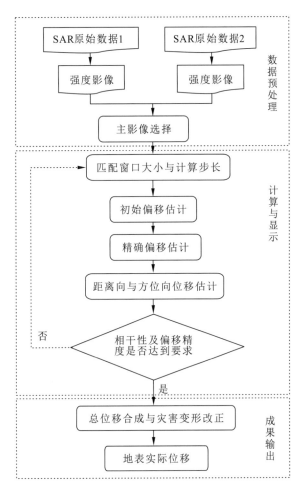

图 5 Offset-SAR 数据处理基本流程图

5.5.2 数据预处理

5.5.2.1 可采用单视复数或多视强度影像用于 Offset-SAR 方法计算地表变形。
5.5.2.2 应按不少于监测目标面积 16 倍范围裁剪 SAR 数据。

5.5.2.3 宜选取拍摄时间早的SAR数据作为主参考景影像。

5.5.2.4 应根据预估的地表变形量和影像分辨率合理设定偏移匹配窗口大小和计算步长。

5.5.3 计算与显示

5.5.3.1 为保证偏移计算的准确性和计算效率,可采用匹配窗口由大到小、计算步长由粗至精的递进计算流程。

5.5.3.2 初始偏移估计应采用大匹配窗口、低分辨率参数,获得高相干性和粗略位移值。

5.5.3.3 精确偏移估计应采用小匹配窗口、高分辨率参数,获得精确的位移值。

5.5.3.4 Offset-SAR在计算过程中需测试不同匹配窗口大小和位移分辨率,以获得最佳变形值。一般情况下大匹配窗口获取较大的变形值,小匹配窗口获得较小的变形值。

5.5.3.5 可采用多种配准算法以获取最优的相干性,影像强度相关法是基础算法。

5.5.3.6 在保证90%以上区域相干的条件下,Offset-SAR应尽可能采用小匹配窗口、小步长,以获得更准确的变形值。

5.5.4 变形量显示

5.5.4.1 应将偏移像素值转换成以"米"为单位的距离向变形量、方位向变形量和地表变形量,用于准确性评估和质量控制

5.5.4.2 基于先验知识,判定相干性和准确性达不到质量控制要求的,应重新设定匹配窗口和计算步长,再次计算。

5.5.4.3 对于满足质量控制要求的偏移结果和匹配相干性图件进行地理编码。

5.6 其他 InSAR 方法

a) 可采用改进的D-InSAR、SBAS-InSAR、PS-InSAR、CR-InSAR方法进行地质灾害监测,以获得丰富、稳定的地质灾害InSAR监测信息。

b) 宜采用融合PS优点和SBAS优点的方法,如IPTA-InSAR方法,对地表干涉条件差的区域进行监测,以满足不同数据和地质条件下高精度地质灾害InSAR监测需要。

5.7 地理编码

5.7.1 变形量计算

5.7.1.1 视线向变形量计算
依据雷达波长参数,将解缠相位换算为视线向(LOS)变形量 Δr。

5.7.1.2 视线向变形量垂直向转换
依据雷达入射角,将LOS变形量 Δr 转换为垂直向变形量 d_1:

$$d_1 = \frac{\Delta r}{\cos\theta} \quad \quad (2)$$

式中:

θ——雷达波入射角(°)。

5.7.1.3 视线向变形量水平向转换
依据雷达入射角,将LOS变形量 Δr 转换为水平向变形量 d_2:

$$d_2 = \frac{\Delta r}{\sin\theta} \quad \quad (3)$$

5.7.2 地理编码

可利用DEM产品进行地理编码,具体步骤应符合下列规定:
a) 利用建立的坐标系查找表,完成监测成果由SAR影像坐标系到大地坐标系的变换,即对监测成果变形量进行地理编码。
b) 集合所有地理编码后的点目标,将变形量的时间单位换算成年,生成年度变形速率,逐像元计算生成地质灾害体速率图。

5.7.3 变形速率基准修正

地理编码后点目标的灾害体变形速率应利用GPS、全站仪、水准等地面高精度控制点数据修正基准,具体步骤应符合下列规定:
a) 以同期地面测量结果作为基准参考,在临近点上计算点目标变形量与实测量之间差值的平均值,即与实测变形量之间存在的整体偏差值。
b) 将上一步得到的整体偏差值加入每个点目标的变形值,修正因参考点不统一产生的InSAR结果变形量的整体偏差,完成基准修正。

5.8 精度评估

5.8.1 基于多干涉图,如Stacking-InSAR获取的年变形速率及其中误差,可以评定其精度,对于PS技术和SBAS技术,获取年变形速率、中误差和DEM误差,也可以评定其精度。

5.8.2 在一定假设条件下对独立InSAR数据解算的结果进行内符合精度的评定,如覆盖同一区域的不同轨道SAR数据结果,或者不同SAR卫星解算的结果。

5.8.3 采用高精度GPS、水准等监测结果对InSAR结果进行外符合精度的评定。

5.8.3.1 通过三维GPS位移结果与SAR视线向监测结果比较,进行评估:

$$\Delta = d_{InSAR} - d_{GPS} \quad\quad\quad\quad (4)$$

式中:

d_{InSAR}——视线向变形量;

d_{GPS}——GPS投影到视线向的变形量;

Δ——d_{InSAR}与d_{GPS}二者差值。

$$d_{GPS} = -\sin\theta \cdot \sin\left(\alpha_h - \frac{3\pi}{2}\right) \cdot dx + \sin\theta \cdot \cos\left(\alpha_h - \frac{3\pi}{2}\right) \cdot dy + \cos\theta \cdot dz \quad\quad (5)$$

式中:

α_h——SAR数据投影到地面的水平角度(°);

θ——雷达波入射角(°);

x, y, z——分别为南北、东西和垂直方向的变形量。

5.8.3.2 通过水准测量结果与SAR垂直方向结果比较,进行评估:

$$\Delta = d_{InSAR} - d_{Level} \quad\quad\quad\quad (6)$$

$$d_{Level} = V_{Level} \cdot \cos\theta \quad\quad\quad\quad (7)$$

$$\sigma = \sqrt{\frac{[\Delta^2]}{n}} \quad\quad\quad\quad (8)$$

式中:

V_{Level}——水准变形量;

σ——变形中误差；

n——外部测量点数，应满足样本统计需要。

6 滑坡监测

6.1 监测内容

6.1.1 监测对象的变形特征

a) 监测目标为处于变形发展阶段的滑坡，年变形量毫米至米级。

b) 滑坡变形是三维变形，以沿坡向的整体矢量位移为主，兼具滑体表面不同部位的升降变形和局部的侧向、反向变形。

c) 滑坡变形 InSAR 监测结果表现为高速率变形图斑或 PS 点簇。由于雷达入射角和坡向坡度的组合关系，滑坡变形监测结果的矢量信息需要综合判定。

d) 滑坡变形与外围存在明显的变形量值差，具有较为固定的形状，在快速滑坡后边缘往往存在大变形失相干，D-InSAR 出现影像裂隙，PS-InSAR 出现空点区。

e) 可根据滑坡前缘到后缘位移量的过渡特征，判断滑坡的运动类型：①前缘速率大于后缘速率或前缘失相干，为牵引型；②后缘速率大于前缘速率或后缘失相干，为推挤型；③速率均一，为平移型。

6.1.2 监测内容

a) 滑坡监测分为区域滑坡识别和单体变形特征监测。

b) 区域滑坡识别内容包括滑坡位置、规模、数量、与背景环境的速度差值、灾害发育程度等。

c) 单体滑坡监测内容包括滑坡范围、滑坡变形量、滑坡不同部位的变形差异、滑坡变形发展过程和发展趋势、基于变形特征和地质条件分析滑坡成因机制与稳定性。

6.2 监测方案

6.2.1 数据要求

a) 用于区域滑坡识别的 SAR 数据宜首选存档时间长的数据，用于单体变形监测的 SAR 数据宜首选波段长、观测频度高的数据。

b) SAR 数据分辨率宜优于滑坡长度和宽度二者小值的 10%。

c) 滑坡监测的 SAR 入射角水平方位以顺滑动方向为最佳，逆滑动方向次之，宜避免垂直滑动方向。

6.2.2 方法选择及适用性

a) 应采用 D-InSAR、PS-InSAR、SBAS-InSAR、IPTA-InSAR 等两种及两种以上方法同时进行数据处理。

b) D-InSAR 方法能获得较稳定的干涉观测结果，适合各类滑坡监测。

c) 对大于 1m/a 的滑坡，可采用 Offset-SAR 数据处理方法探测变形。

d) 对绝大多数滑坡，宜采用 PS-InSAR 与 SBAS-InSAR 交叉结合应用的 TS-InSAR 方法。

e) 植被覆盖或冰雪覆盖区可采用 CR-InSAR 技术,加强雷达波反射效果,CR 角反射器宜沿滑坡方向布设两排以上,每排不少于 3 个,以便于对比验证。

6.3 方法要求

6.3.1 D-InSAR 监测滑坡

D-InSAR 进行区域滑坡的识别和监测,应符合下列规定:
a) 大气误差干扰小,或大气误差与高程具有高相干性(系数大于 0.8)。
b) 基线长度短,并根据干涉条纹特征进行了轨道校正。
c) 时间间隔小(少于 45 天)的 SAR 像对。

6.3.2 TS-InSAR 监测滑坡

TS-InSAR(PS、SBAS、IPTA)观测区域地表微小线性变形,应符合下列规定:
a) 采用 PS-InSAR 和 IPTA-InSAR 技术,有效变形速率 PS 点密度不少于 150 点/km^2,且每个滑坡内不少于 30 点。
b) 采用线性模型提取长期变形,同时提取非线性变形量,对重点部位计算时程曲线。
c) 根据变形特征和时空特征提取大气模型,提取结果应与高程和季节相干,检验结果的准确性。
d) 应分析变形量和位移方向与地形坡向、雷达波入射角方向的关系,检验监测结果的合理性。
e) 非线性地表变形量一般与线性变形量具有正比关系,宜以此为参照分离非线性变形与大气误差。

6.3.3 CR-InSAR 监测滑坡

在植被覆盖区和地形陡峭的区域宜采用 CR-InSAR 技术,CR 布设应符合下列原则:
a) 布设在灾害体突出部位,防止其他遮挡。
b) 按"十"字形或"井"字形布设于滑坡上,滑体中轴线至少布设 3 个以上 CR 点。
c) 在距滑坡体不大于 1km 的稳定区,最少布设 2 个 CR 基准点。

6.3.4 Offset-SAR 监测滑坡

在滑坡位移达到或超过米级的大变形区,宜采用 Offset-SAR 方法监测滑坡运动,应符合下列规定:
a) Offset-SAR 应分别计算方位向、距离向和综合向的地面位移除以时间间隔,获得 3 个方向的变形速率。
b) 各种偏移计算获得的变形速率经滑坡最大梯度方向转换后可作为滑坡的运动速率。
c) Offset-SAR 量程较大,应尽可能用长时间间隔的数据提取变形。

6.4 数据处理结果验证

数据处理结果验证宜采用下列方式:
a) 采用变形年速率中误差进行监测精度评定。
b) 将不同 SAR 数据、不同处理方法的结果进行交叉检验。
c) 根据高精度 DEM 进行形态分析,叠加显示严重变形区的滑坡部位。

d) 采用分辨率优于3 m的遥感影像解译滑坡拉裂缝、后缘陡坎、前缘鼓胀等地质特征与变形量的对应关系。
e) 野外实地调查坡体变形特征和其上的建(构)筑物变形破坏情况。
f) 采用GPS观测点等高精度地面观测数据对InSAR变形监测结果进行验证。

6.5 监测结果综合分析

6.5.1 滑坡综合识别

以变形的空间分布和量值为主要依据,辅助坡体形态、高程、坡度、植被类型、岩土体性质、居民点分布,采用层次分析法综合识别划分出变形滑坡。

6.5.2 单体滑坡危险性分析

a) 对于降雨诱发型滑坡,根据重点部位变形速率和时程曲线,结合滑坡地质特征[参考《滑坡崩塌泥石流调查技术规范(1∶5万)》(DZ/T 0261—2014)],分析变形趋势,判断其危险性。
b) 对于受同一因素诱发的滑坡,危险性预测应结合已有滑坡案例和区域统计特征分析其危险性。
c) 应根据监测结果与相关地质、地理和地物要素分布进行空间分析,与地质调查、勘察等结果对比,验证监测结果的可靠性。
d) 应开展TS-InSAR监测的滑坡变形时程曲线中的大变形时间段与雨季、地震、人类工程活动时间相干性的分析。

7 崩塌(危岩体)监测

7.1 监测内容

7.1.1 监测对象的变形特征

a) 监测对象主要为潜在崩塌体或危岩体。
b) 监测对象坡度陡,面积小,三维几何特性明显。
c) 位移方向以整体下沉和倾向坡外为主。
d) 变形范围无明确形状,SAR雷达波反射复杂。

7.1.2 监测内容

a) 崩塌监测分为区域崩塌识别和单体的变形特征监测。
b) 区域崩塌识别内容包括崩塌(危岩体)的位置、分布、灾害发育程度。
c) 单体崩塌监测内容包括崩塌(危岩体)的范围、变形量、位移方向、崩塌变形发展过程和发展趋势、基于变形特征分析崩塌稳定性。

7.2 监测方案

7.2.1 数据要求

7.2.1.1 SAR数据要求

a) 首选面向危岩面、大入射角(入射角大于35°)的高分辨率SAR数据,其中面向危岩面、高分辨率、大入射角依次为重要条件。

b) SAR数据首选聚束成像模式高分辨率数据，次选条带模式，不宜采用扫描模式数据。
c) 波段长短依变形体表层植被覆盖和变形量而定，首选高频中短波长SAR数据。
d) 数据空间分辨率应优于3 m，以优于1 m为最佳。

7.2.1.2 辅助数据要求

a) 优于SAR空间分辨率的DEM数据。
b) 采用SAR卫星精密轨道数据。
c) 应获取或估计前期的危岩体变形数据，作为监测参考。
d) 宜获取调查区域地面控制点坐标信息。

7.2.2 方法选择及适用性

a) 宜采用PS-InSAR、SBAS-InSAR或改进型方法。
b) 植被覆盖区宜采用CR-InSAR技术。

7.3 方法要求

7.3.1 PS-InSAR监测崩塌

a) 对SLC数据进行2倍过采样处理。
b) 植被覆盖区PS点宜根据相干性来选取，阈值为0.6。
c) 视向变形年速率大于5 mm/a可作为识别危岩体的预判据。
d) 对疑似危岩体区域进行误差排除分析。

7.3.2 SBAS-InSAR监测崩塌

a) 视向变形年速率绝对值大于10 mm/a可作为识别危岩体的预判据。
b) 对疑似危岩体区域进行误差排除分析。

7.3.3 CR-InSAR监测崩塌

a) 影像配准精度要求方位向、距离向不低于0.1个像元。
b) CR识别需距离向和方位向精确到0.1个像元。
c) 干涉组合CR相干性应大于0.8。
d) 采用最小费用流或二维周期图法解缠CR相位。
e) 视向变形监测精度优于2 mm。

7.4 数据处理结果验证

a) 可采用变形年速率中误差进行监测精度评定。
b) 将同一区域、同一时间段不同SAR数据结果投影到位移方向进行交叉检验。
c) 采用GPS、水准等地面监测结果进行检验，将GPS三维变形投影到SAR视向进行比较。
d) 应进行野外实地调查检验。

7.5 监测结果综合分析

a) 对于区域崩塌InSAR识别结果，应生成或更新崩塌（危岩体）编目图。
b) 区域崩塌（危岩体）分布应与地形、地质、构造活动和人类活动进行相关性分析。

c) 单个崩塌(危岩体)时空间变形特征分析。
d) 单个崩塌(危岩体)异常变形与区域地震活动、降水以及人类活动等相关性分析[参考《滑坡崩塌泥石流调查技术规范(1∶5万)》(DZ/T 0261—2014)]。

8 泥石流监测

8.1 监测内容

8.1.1 监测对象变形特征

a) 泥石流监测应主要通过物源区变形的监测完成,是多个斜坡变形体集合的反映(变形监测特征可参考6.1.1和7.1.1),分布范围广,位置离散,变形量和位移方向差异大。
b) 对于顺沟道缓慢流动的泥石流(如冰川泥石流),观测到的流动方向为沿主沟的梯度方向。
c) 物源区滑坡、崩塌多发,斜坡岩体破碎、物质松散,通常变形速率较大,一般变形速率在10 mm/a以上。
d) 冰川泥石流的流通区沿主沟的变形速率一般在1 dm/a以上,大者可达几米至几十米。
e) 泥石流的变形时间上与所在区域降雨、融雪等周期具有密切关系。

8.1.2 监测内容

a) 泥石流InSAR监测分为区域泥石流沟的识别和单沟泥石流活动性监测。
b) 区域上潜在泥石流沟的识别,应在流域划分的基础上,根据InSAR观测的流域内泥石流物源区或堆积区的变形特征和空间分布规律,结合泥石流的地质环境条件进行综合分析。
c) 单沟泥石流活动性监测,应根据InSAR观测到的泥石流物源区(主要针对降雨型泥石流)和流通区(主要针对冰川型泥石流)的变形特征,类比邻区发生的泥石流,对其活动性作出判断。

8.2 监测方案

8.2.1 数据要求

a) 区域泥石流沟识别的SAR数据宜首选存档时间长的数据源,监测的数据源宜选择波段长的SAR数据。
b) 单沟泥石流活动性监测的雷达垂直入射角应根据地形条件特征选择,应尽量避免雷达波阴影和叠掩,SAR入射水平方向尽可能选择与物源区至堆积区平行的方向。

8.2.2 方法选择及适应性

a) 在受大气干扰小的区域,具有短时间间隔SAR数据条件下,可采用D-InSAR方法。
b) 对于冰川型泥石流应采用Offset-SAR数据处理方法。
c) 对于降雨型泥石流应采用PS-InSAR与SBAS-InSAR交叉结合的多时相干涉雷达测量方法。
d) 泥石流监测数据处理可参考崩塌、滑坡监测中的相关方法。

8.3 方法要求

8.3.1 D-InSAR 监测泥石流

采用 D-InSAR 数据进行区域泥石流的识别和监测，应符合下列规定：
a) 所选择数据应满足大气误差小。
b) 基线长度短，并根据干涉条纹特征进行了轨道校正。
c) 时间间隔小于 90 d 的 SAR 像对。

8.3.2 TS-InSAR 监测泥石流

采用多时相 InSAR 观测区域地表微小线性变形，应符合下列规定：
a) 采用永久散射 PS 点，每个泥石流物源区内不少于 100 点。
b) 采用线性模型提取长期平均变形速率。
c) 根据变形特征和时空特征提取大气模型，提取结果应与高程和季节相干，检验结果的准确性。
d) 应分析变形量和位移方向与地形坡向、雷达波入射角方向的关系，检验其合理性。
e) 非线性地表变形量一般与物源区的坡度、面积和地表破碎程度具有正比关系，宜以此为参照分离非线性变形与大气误差。

8.3.3 CR-InSAR 监测泥石流

在植被覆盖区和冰川变化大的泥石流区域宜采用 CR-InSAR 技术，并符合下列规定：
a) 降雨型泥石流 CR 监测点应布设在物源区不稳定体的突出部位，防止地形遮挡。
b) 冰川型泥石流 CR 监测点应布设于主沟的冰碛物流动区，位于中轴线，至少布设 3 个以上。
c) 最少布设 2 个 CR 基准点，位于泥石流流域分水岭附近最佳。

8.4 数据处理结果验证

a) 可采用变形年速率中误差进行监测精度评定。
b) 将不同 SAR 数据、不同处理方法的结果进行交叉检验。
c) 根据 DEM 进行流域分割，叠加显示严重变形区所在的流域位置。
d) 宜采用分辨率优于 5 m 的遥感影像解译变形区地表植被、岩石裸露情况、沟口泥石流堆积发育等情况，与流域分析结果叠加显示验证。
e) 应进行野外实地调查，检验沟口泥石流堆积情况。

8.5 监测结果综合分析

8.5.1 区域泥石流综合识别

以变形的空间分布和量值为主要依据，辅助流域、主沟坡降、高程、坡度、植被覆盖、岩土体性质，综合识别划分出泥石流位置和分布范围。

8.5.2 单沟泥石流评价

a) 对于降雨型泥石流，根据泥石流沟物源区的空间变形分布、重点部位变形的时程曲线，结合主沟坡降和流域面积，分析变形趋势，判断其活动性。

b) 对于冰川型泥石流,针对不同时期冰碛物变形范围和流动速率,结合主沟坡降和流域面积,分析其活动性。
c) 应结合相关地质、地理和地物要素的分布特征进行空间分析[参考《滑坡崩塌泥石流调查技术规范(1∶5万)》(DZ/T 0261—2014)],验证监测结果的可靠性。

9 地面塌陷监测

9.1 监测内容

9.1.1 对象变形特征

a) 地面塌陷主要由地下水波动和人类工程活动诱发。
b) 变形范围小($10 m^2 \sim 1 km^2$),形状为圆形、椭圆形,呈集簇发育,变形梯度大,超出一个干涉相位周期。
c) 中间部分近似垂直下沉变形,边缘部分缓坡变形。
d) 具有突发性,塌陷前的年变形速率为毫米级至分米级,塌陷时达每秒米级。
e) 岩溶地表塌陷与地下水波动密切相关,人工采矿地面塌陷与地层结构、矿层特点、采动方式、支护措施密切相关。

9.1.2 监测内容

a) 地面塌陷监测可分为区域塌陷群发区识别和塌陷变形特征监测。
b) 塌陷群发区识别,包括根据塌陷前变形异常和塌陷后干涉失相干识别灾害的位置、分布、数量、灾害发育程度。
c) 塌陷变形特征监测,包括塌陷范围、变形量、崩塌变形发展过程和发展趋势、基于变形特征和地层岩性分析地表稳定性。

9.2 监测方案

9.2.1 数据要求

a) 轨道重复周期少于30 d。
b) 垂直基线优于1/3临界基线。
c) 空间分辨率优于5 m。
d) 各种波长数据适用,小入射角最佳。

9.2.2 方法选择及适应性

a) 无确定方法用于塌陷的识别,各种InSAR方法均应试算。
b) 对岩溶区塌陷变形特征的监测可采用D-InSAR、TS-InSAR及改进方法。
c) 对于大范围变形的采空塌陷监测宜选择Offset-SAR方法监测中心部位位移,D-InSAR、TS-InSAR方法监测边缘位移。

9.3 方法要求

9.3.1 D-InSAR 监测地面塌陷

D-InSAR 进行地面塌陷的识别和监测,应按下列规定执行:
a) 应选择有效相干面积在 80% 以上的像对进行 D-InSAR 计算。
b) D-InSAR 提取的失相干作为塌陷识别的一项指标。
c) 地面塌陷识别应采用至少两个不同季节的像对计算结果进行对比。
d) 地面塌陷监测应采用四个不同季节的像对计算结果进行序列分析。

9.3.2 TS-InSAR 监测地面塌陷

TS-InSAR 监测地表塌陷,应符合下列规定:
a) 提取的有效 PS 点密度应从塌陷边缘至中部逐渐稀疏,变形量逐渐加大至失相干。
b) 应采用线性模型提取长期平均变形速率。
c) 地面塌陷具有递进型非线性变形,非线性变形量与线性变形量具有正比关系,宜以此为参照分离非线性变形与大气误差。

9.3.3 Offset-SAR 监测地面塌陷

在位移达到或超过米级的大变形区,可采用 Offset-SAR 方法监测位移,应符合下列规定:
a) 应采用距离向分辨率优于 1 m 的 SAR 数据进行 Offset-SAR 计算,方位向分辨率不应超过 3 m。
b) Offset-SAR 距离向测量值经过垂直向换算作为监测结果,方位向位移计算结果用于辅助验证。
c) 需连续 5 期以上 SAR 数据进行 Offset-SAR 计算,两期间隔不大于 45 d。

9.4 数据处理结果验证

a) 可采用变形年速率中误差进行监测精度评定。
b) 将不同 SAR 数据、不同处理方法的结果投影到垂直方向进行交叉检验。
c) 与实地调查的地表塌陷结果进行对比。
d) 与塌陷区地下工程活动区进行对比分析。
e) 与塌陷区地下水开采点进行对比分析。
f) 与碳酸盐岩分布区进行对比分析。
g) 采用分辨率优于 1 m 的遥感影像解译校核。

9.5 监测结果综合分析

应结合相关地质、地理和地物要素分布进行空间分析,验证监测结果的可靠性。对比分析应包括下列要素:
a) 地层岩性的分布。
b) 地下水资源和开采情况的分布。
c) 矿产资源的分布。
d) 地下采矿活动的分布。

e) 地下工程的分布。
f) 地面塌陷野外特征参考《地裂缝调查规范》(DD 2015—08)。

10 地面沉降与地裂缝监测

10.1 监测内容

10.1.1 监测对象特征

a) 地裂缝与地面沉降伴生,地面缓慢沉降及不均匀变形带引发地裂缝。
b) 地面沉降分布范围大、变形连续,变形量主要介于 5～200 mm/a 范围内。
c) 地面沉降与地下水位变动密切相关,受人类活动影响显著。

10.1.2 监测内容

a) 监测内容可分为地面沉降变形特征监测和地裂缝的识别。
b) 变形特征监测获取监测周期内的沉降范围、平均沉降速率、累计沉降量,分析变形发展过程、发展趋势及沉降变形机制。
c) 根据地表沉降量突变和 InSAR 干涉失相干识别地裂缝空间展布,分析地裂缝发育的相关因素。

10.2 监测方案

10.2.1 数据要求

a) SAR 数据在时间和空间范围应大于实际监测范围的 10% 以上。
b) 保证干涉相干的条件下,可以不设定时间基线长度。
c) 各种分辨率 SAR 数据均适合地面沉降监测。
d) 地裂缝 InSAR 监测宜采用优于 10 m 分辨率的 SAR 数据。

10.2.2 方法选择及适应性

a) 城区地面沉降采用 D-InSAR、PS-InSAR、SBAS-InSAR 及多种方法联合使用,一般均可获得较好的观测效果。
b) 植被茂密区地面沉降宜采用 SBAS-InSAR、CR-InSAR、短时间基线 D-InSAR 及多种方法联合使用。
c) 地裂缝识别和监测宜与地面沉降监测联合进行,应采用基于各种高分辨率 SAR 数据的 TS-InSAR技术。

10.3 方法要求

10.3.1 PS-InSAR 监测地面沉降与地裂缝

a) 植被覆盖区 PS 点离差值(强度和相位)小于 0.25。
b) 密集分布且数值连续过渡的负值 PS 点簇区可作为地表沉降区的预判据。
c) 对疑似地面沉降区域进行误差排除分析。

10.3.2 SBAS-InSAR 监测地面沉降与地裂缝

a) 视向变形年速率绝对值大于 5 mm 可作为识别地面沉降的预判据。
b) 对疑似地面沉降区进行误差排除分析。

10.3.3 CR-InSAR 监测地面沉降与地裂缝

a) 影像配准精度要求方位向、距离向不低于 0.1 个像元。
b) CR 亚像素识别需距离向和方位向精确到 0.1 个像元。
c) 干涉组合 CR 相干性大于 0.8。
d) 采用最小费用流或者二维周期图法解缠 CR 相位。
e) 视向变形监测精度为 2 mm。

10.4 数据处理结果验证

a) 与 SAR 数据获取尽可能同期的水准测量结果进行对比。
b) 以建(构)筑物的破坏为依据进行实地调查检验。
c) 将不同 SAR 数据、不同处理方法的结果投影到垂直方向进行交叉检验。

10.5 监测结果综合分析

a) 进行地面沉降发展变化的动态时序分析,检验与季节、降水和地面活动的相关性。
b) 进行地面沉降与地下水位变化、地下工程和高载荷工程空间分布上的对比分析,变形量参考《建筑变形测量规范》(JGJ 8—2007)。
c) 分析活动断层展布与地裂缝空间分布的一致性和差异,活动断裂展布判别标志参考《活动断层与区域地壳稳定性调查评价规范(1∶50 000、1∶250 000)》(DD 2015—02)。
d) 揭示区域地表沉降和地裂缝现今发育的机制,预测发展趋势。
e) 地面沉降与地裂缝识别监测结果及地质特征野外验证参考《地面沉降调查与监测规范》(DZ/T 0283—2015)、《地裂缝调查规范》(DD 2015—08)。

11 成果编制与提交

11.1 成果报告编制

11.1.1 地质灾害 InSAR 监测成果应包括下列内容:
a) 针对自然地理环境及监测目标,发现灾害变形的异常区。
b) 分析地质灾害变形的空间分布特征及演变过程。
c) 根据灾害变形的时序位移曲线,建立变形阶段判别标志。
d) 结合稳定性预判结果,进行监测结果综合分析,并提出相关建议。

11.1.2 监测成果报告内容应包括工作区地质背景、地质灾害发育情况、监测方法及处理流程、参数选取、监测资料分析、监测结果分析、成果精度、变形与地质环境及人工影响的关系、结论建议等(成果报告提纲参见附录 G)。

11.2 成果图件编制

11.2.1 制图内容

11.2.1.1 成果图应满足基本图面要素要求,可参考《遥感影像平面图制作规范(1∶50 000、1∶250 000)》(GB/T 15968—2008)和《遥感解译地质图制作规范》(DD 2011—02)。

11.2.1.2 提交的成果图宜包括区域变形速率图(或区域累计变形量图)、地质灾害变形速率剖面图、地质灾害典型部位变形时程曲线图、变形时间序列图像。

11.2.1.3 应编制覆盖整个监测区的变形速率渲染图和累计变形量图,以反映区域总体变形程度、地质灾害空间分布发育规律、误差程度等内容,针对各灾种应附加特有灾害信息符号:
  a) 滑坡、崩塌、地面塌陷离散型地质灾害应绘制根据变形速率识别的灾害轮廓、灾害运动方向,对典型的灾害体绘制变形速率纵横剖面。
  b) 泥石流灾害应绘制流域范围、冲积扇范围、沟口点。
  c) 地面沉降和地裂缝灾害宜绘制沉降速率等值线、地裂缝展布。

11.2.1.4 应绘制监测地质灾害体平均变形速率剖面图,各灾种位置标识应符合下列规定:
  a) 滑坡崩塌剖面位置首选滑坡长度方向的中轴线,对于中型以上地质灾害应增加左右两侧剖面,对于前后缘变形速率差异较大的斜坡灾害体宜沿宽度方向绘制前缘、中部和后缘速度剖面。
  b) 泥石流应绘制主沟纵剖面和物源区横切剖面变形速率图。
  c) 地面塌陷、地表沉降和地裂缝应绘制穿越最大变形速率区域的剖面。

11.2.1.5 应编绘监测单体地质灾害关键部位的时空变形曲线图,选取的关键部位应符合下列规定:
  a) 滑坡灾害应至少绘制3个部位的时空变形曲线,分别位于中轴线前缘、中部和后缘,对于大型以上滑坡宜增加横剖面或左右纵剖面,构成"十"字形、"井"字形或"田"字形布局。
  b) 崩塌灾害应分别提取2个崩塌体顶面、2个临空面和2个以上稳定基岩体点。
  c) 地面塌陷灾害应提取1个塌陷中部、3个塌陷边缘及2个以上塌陷外围的地表变形点。
  d) 泥石流灾害应提取3个以上物源区点、2个以上流通区点。
  e) 地裂缝灾害应在地裂缝两侧各提取1个以上变形点。
  f) 在地面沉降速率最高的中心部位、变形梯度最大的转折部位,分别提取2个以上监测点。

11.2.1.6 宜编绘单体或区域的渲染时空变形序列图像,在同一变形比例尺条件下,以第一景SAR数据"0"值为基点,每景变形量依次递加,按顺序镶嵌为单一图像,或制作为GIF格式动态图像。

11.2.2 制图要求

11.2.2.1 各类成果图件可采用点目标、线矢量和面图像表达变形属性,属性值可包括变形速率值、累计变形值、时序变形量等,按照不同载体类型成果分类表示,应符合下列规定:
  a) 点目标和线矢量为变形信息载体成果图,底图可采用SAR强度影像、光学遥感影像、地形图、DEM阴影图、地质图中的某一种,以表达信息丰富、清晰、易分辨为原则。
  b) 面图像为变形信息载体,底图宜采用SAR强度影像、光学遥感影像或DEM阴影图进行透明叠加显示,变形信息叠加权重应不小于60%。
  c) 对监测成果点目标和面图像属性值应按照其大小进行分级设色,生成图形。
  d) 对监测成果等值线选择均匀间隔的变形值进行图面数字标注。

11.2.2.2 成果图件以能清晰表达和分辨图面内容为原则,制图应符合下列规定:
  a) 以地质图、光学遥感影像图或 SAR 强度影像图为底图,执行《遥感影像平面图制作规范(1∶50 000、1∶250 000)》(GB/T 15968—2008)关于图面要素、图式和图例的规定制图。
  b) 制图坐标系宜采用 UTM、北京 54、西安 80、国家 CGCS 2000 等高斯克吕格常用投影坐标系,特殊情况下可采用地方独立坐标系或地理坐标系。
  c) 制图比例尺可参考《遥感影像平面图制作规范(1∶50 000、1∶250 000)》(GB/T 15968—2008)和《环境地质遥感监测技术要求(1∶250 000)》(DZ/T 0296—2016)中的有关要求,依据 SAR 图像分辨率确定。
  d) 图件宜按监测专题进行工作区分幅,特别需要时可按国家标准分幅。

11.3 成果提交

11.3.1 地质灾害 InSAR 监测工作完成后,应及时将相关成果和资料提交主管部门验收。

11.3.2 提交成果资料应包括技术设计书、技术成果报告、成果图件、质量控制文件和图件、监测利用的原始资料等,包括纸质和电子光盘两种形式。

11.3.3 提交报告,包括 InSAR 监测工作设计书和地质灾害 InSAR 监测报告,报告附地质灾害量统计表和变形量统计表。

11.3.4 应提交按 4.7.2 编制的质量控制文件。

11.3.5 需提交数据处理过程质量控制图件,包括通用图件和每种 InSAR 处理方法的特有图件。

11.3.5.1 通用文件包括干涉相对时空基线文件、地理坐标下的多视强度图。

11.3.5.2 D-InSAR 质量控制文件宜包括相干图像、基线改正前差分图、基线改正前解缠图、基线改正后差分图、基线改正后解缠图,在基线质量差的条件下应提交去二次项后的图像。

11.3.5.3 SBAS-InSAR 质量控制文件除包括每个像对间 D-InSAR 质量控制文件外,还应包括变形速率误差图、高程误差图。

11.3.5.4 PS-InSAR 质量控制文件除包括每个像对间 D-InSAR 质量控制文件外,还应包括原始 PS 点分布图、各景 SAR 数据的大气误差图。

11.3.5.5 Offset-SAR 质量控制图件包括相干图、距离向偏移估计图、方位向偏移估计图、地面合成变形偏移估计图。

11.3.6 提交 InSAR 监测采用的原始数据,包括 SAR 原始数据、地形数据、光学遥感影像、轨道数据、地面监测数据,其中除 SAR 原始数据外,其他数据均是项目实际需要所配备的可选数据。

附 录 A
（资料性附录）
地质灾害主要变形监测技术优缺点及适用性

地质灾害 InSAR 监测方法与其他监测方法的优缺点及适用性详见表 A.1。

表 A.1 地质灾害主要变形监测技术优缺点及适用性

监测方法	优点	缺点	应用条件	适用对象
InSAR监测	卫星遥感数据监测、大范围、非接触、高密度、可回溯、高性价比	受地表干涉条件限制，受SAR数据来源制约，监测获得的位移方向存在模糊性，监测结果为相对变形	理论上适合所有对象，对缓慢变形、雷达波反射稳定的地质灾害监测有优势	大区域分布地质灾害、群发的地质灾害、大型地质灾害、不易通达地区地质灾害
人工GPS监测	水平变形，精度高，结果可靠，适用于对空通视效果好的各灾种变形监测	垂直变形精度低于水平精度2~3倍，需要多个站点联测，获取高精度结果现场作业时间长，受灾害体地表通达条件限制，费用较高	可以接收到4颗及以上GPS卫星信号地区，监测点地表可通达	单体灾害：滑坡、崩塌（危岩体）、地面沉降、地裂缝
人工全站仪监测	三维变形，精度高	对监测人员现场操作技能要求较高，严重受限于灾害体现场条件，监测范围小，劳动强度大	监测点间需要通视，监测点地表可通达	单体灾害：滑坡、崩塌（危岩体）、地面沉降、地裂缝、地面塌陷
水准监测	垂直变形，精度高	仅能监测垂直变形，陡峭地区不适用，作业效率低	监测点地表可通达，地形起伏不剧烈	单体灾害：滑坡、崩塌（危岩体）、地面沉降、地裂缝、地面塌陷
人工深部位移监测	监测地质灾害体内部变形参数，监测结果有利于灾害机理和发展趋势研判	费用高，只适合监测较小变形，点位密度小，易受到灾害体自身变形的破坏，观测可持续性差	具备钻探成孔和深部安装条件	单体滑坡、地面沉降、地裂缝、地面塌陷
变形自动监测	可由多种监测仪器构成，连续实时，获取数据类型多样，可临灾预报	费用很高，系统复杂，稳键性差	能保障稳定供电环境，适合自动化仪器安装、保存	滑坡、崩塌、泥石流、地面沉降、地裂缝、地面塌陷

T/CAGHP 013—2018

附 录 B
（规范性附录）
地质灾害 InSAR 监测工作条件分类

地质灾害 InSAR 监测工作条件分类依据地表复杂程度、数据质量、单位面积观测次数、监测精度和地质分析程度、观测面积综合确定，具体标准参照表 B.1 执行。

表 B.1　InSAR 监测工作条件分类表

监测工作条件	地表复杂程度	数据质量	单位面积观测次数	观测面积（km²）
Ⅰ	无植被覆盖的戈壁和基岩区、建（构）筑物密集的城镇，且地形舒缓平坦	TerraSAR、ALOS/PALSAR-2、Cosmo-SkyMed、RadarSat-2 等基线精度高、信噪比大的条带模式和聚束模式 SAR 数据	20～30 次或 2 次	≥3600
Ⅱ	低矮植被覆盖的中低丘陵区、荒漠区、植被较多的建（构）筑物区	Sentinel-1 TOPS、TerraSAR Scan、ALOS/PALSAR-2 Scan、Cosmo-SkyMed Scan、RadarSat-2 Scan 等基线精度、信噪比大、数据结构复杂的中低分辨率 SAR 数据	10～20 次或 30～40 次	900～3600
Ⅲ	季节性生长的灌木中低丘陵区、村庄密集分布的农业区	ALOS/PALSAR、RadarSat-1 等轨道精度不稳定的条带模式 SAR 数据	5～10 次或 40～50 次	400～900
Ⅳ	乔灌木季节性生长的高丘、中山区	ERS、Envisat/ASAR 等轨道精度较低、信噪比较小、分辨率中等的 SAR 数据	3～5 次或大于 50 次	100～400
Ⅴ	植被、冰雪等易变地物密集覆盖的高山峡谷区	绝大部分 2010 年前的扫描模式低分辨率 SAR 数据	2 次大于 1 年间隔或平均间隔大于 6 个月	0～100

注 1：有 2 项及 2 项以上因素满足时即为该类条件；
注 2：监测面积最小按 50 km² 计算；
注 3：条件分类就高不就低。

附录 C
（资料性附录）

现有可用星载SAR传感器基本参数及应用特征

现有可用星载SAR传感器基本参数及应用特征详见表C.1。

表C.1 现有可用星载SAR传感器基本参数及应用特征表

星载SAR系统	ERS-1/2	JERS-1	RADARSAT-1	ENVISAT-ASAR	ALOS-PALSAR	RADARSAT-2	TerraSAR-X/TanDEM-X星座(2)	COSMO-SkyMed星座(4)	Sentinel-1A(1B)星座(2)	ALOS-2(PALSAR-2)
所属国家/机构	欧空局	日本	加拿大	欧空局	日本	加拿大	德国	意大利	欧空局	日本
运行时间（开始年份—终止年份）	1:1991—2000 2:1995—2012	1992—1998	1995—2013	2002—2012	2006—2011	2007—	2007—	2007—	2014.4—	2014.5—
轨道高度(km)	790	568	780	800	691	798	514	619	693	628
波长(cm)	C(5,6)	L(23,5)	C(5,6)	C(5,6)	L(23,6)	C(5,6)	X(3,1)	X(3,1)	C(5,6)	L(23,6~25,0)
极化方式	VV	HH	HH	HH/VV	全极化	单极化/双极化/全极化	全极化	HH,VV,HV,VH,HH/VV,HH/HV,VV/VH	HH+HV,VV+VH	全极化
侧视角(°)	23	35	23~65	15~45	8~50.8	23~65	20~55	16.36~52.06	20.0~45.0	8.0~70.0
轨道倾角(°)	98.49	98.16	98.6	98.55	98.16	98.6	97.44	97.86	98.18	97.9
最短观测时间间隔(d)	35	44	24	35	46	24	11(单星) 5.5(双星)	单星重返周期16天，其中2号星和3号星为1天间隔的tandem模式，每17天4颗星以8天、1天、3天和4天的间隔获取涉数据	12(单星)6(双星)	14
地面分辨率(m)	25	25	8~30	25~100	7~100	聚焦模式1 超级条带模式3 条带模式5 其他模式>5	凝视模式0.25 聚束模式1 条带模式3 扫描模式18.5 宽扫描模式40	聚束模式1 条带模式3,15 扫描模式30 宽扫描模式100	聚束模式5 条带模式5×20 扫描模式20 宽扫描模式100	聚束模式1×3 条带模式3,6,10 扫描模式100

表 C.1 现有可用星载 SAR 传感器基本参数及应用特征表（续）

星载 SAR 系统	ERS-1/2	JERS-1	RADARSAT-1	ENVISAT-ASAR	ALOS-PALSAR	RADARSAT-2	TerraSAR-X/TanDEM-X 星座(2)	COSMO-SkyMed 星座(4)	Sentinel-1A(1B) 星座(2)	ALOS-2 (PALSAR-2)
是否提供原始 raw 数据	是	否	是	是	是	否	否	否	否	否
测量变形精度	厘米级	厘米级	毫米级	毫米级	毫米级	毫米级	毫米级	毫米级	毫米级	毫米级
不同数据模式单景市场报价（万元）	0.5~1.0	0.5~1.0	0.8~1.5	0.5~1.0	0.5~1.0	1.5~3.5	1.5~3.5	1.6~3.75	0.5~2.5	2.4~4.0
存档数据情况	全覆盖 20 次以上	全球覆盖 5 次以上	部分地区覆盖	全覆盖 25 次以上	全球覆盖 15 次以上	有中国东部 2007—2013 年多期存档数据	大部分地区需要编程观测	大部分地区需要编程观测	有全球观测计划，不少于 48 天 ScanSAR 同轨观测一次。目前有 30 次以上存档数据	有全球观测计划
影像幅宽（km）	100	80	50~500	100~400	30~350	聚焦模式 18 超级条带模式 20 条带模式 50 其他模式 50~500	凝视模式 10 聚束模式 20 条带模式 30 扫描模式 150 宽扫描模式 270	聚束模式 7~10 条带模式 30~40 扫描模式 100~200	聚束模式 20 条带模式 80 扫描模式 250 加宽扫描模式 400	聚束模式 25 条带模式 50~50 扫描模式 350~490
可否编程定制	否	否	否	否	否	是	是	是	需协商	是
主要优点	具有较早的存档数据	具有较早的一批存档数据	为 2007 年前唯一的高分辨率、中短波数据。	存档数据多，价格低，覆盖历史时段长	覆盖范围广，存档数据丰富，波段长，适合高山峡谷区地质灾害监测	数据质量较好、高分辨率，数据覆盖范围大，有计划全球拍摄	轨道精度高，数据质量好，重返周期短	存档数据丰富，数据质量好，重返周期最短	覆盖范围广，重复周期短，数据丰富	覆盖范围较大，重返周期适中，波长长，对植被密集区观测有利
主要缺点	稳定性较差，处理技术难度大	分辨率低，轨道精度低，干涉质量较差	与其他中分辨率 SAR 数据相比轨道精度较低	在高山峡谷区干涉效果差	空间基线较长，且有系统变化	编程数据价格较高	存档数据较少	空间基线较长	主要是低分辨率模式，一般不接受编程预定，方位向配准精度较大	价格相对较高

附 录 D
（规范性附录）
各灾种 InSAR 监测技术方法及内符合精度要求

各灾种监测的变形速率应达到一定的内符合精度，应根据表 B.1 InSAR 监测工作条件和采用的技术方法综合确定，应符合表 D.1 规定。

表 D.1 各灾种 InSAR 监测技术方法及内符合精度参考表

灾种	技术方法	不同工作条件下应达到的监测内符合精度(mm/a)				
		Ⅰ	Ⅱ	Ⅲ	Ⅳ	Ⅴ
滑坡	D-InSAR	20	50	70	90	100
	PS-InSAR	5	10	15	18	20
	SBAS-InSAR	10	20	30	50	60
	CR-InSAR	3	4	7	8	10
	Offset-SAR	500	1500	1500	2000	—
崩塌	PS-InSAR	3	6	7	9	—
	SBAS-InSAR	5	13	16	18	—
	CR-InSAR	2	—	5	5	—
泥石流	D-InSAR	50	90	100	120	150
	PS-InSAR	20	60	70	80	100
	SBAS-InSAR	30	120	150	180	200
	CR-InSAR	10	12	15	18	—
	Offset-SAR	800	1500	1500	2000	—
地面塌陷	D-InSAR	10	20	30	40	100
	PS-InSAR	2	3	5	8	10
	SBAS-InSAR	3	4	6	8	20
	Offset-SAR	500	1000	1000	—	—
地面沉降与地裂缝	D-InSAR	10	20	50	80	100
	PS-InSAR	2	3	4	5	10
	SBAS-InSAR	5	7	10	10	20
	CR-InSAR	1	3	3	4	5

注1：工作条件分类依据表 B.1 执行；
注2：采用组合方法时，精度应优于其中的最好值。

T/CAGHP 013—2018

附 录 E
（资料性附录）
InSAR 技术方法及适用条件

InSAR 技术方法及适用地质灾害类型和条件详见表 E.1。

表 E.1 InSAR 技术方法及适用地质灾害类型和条件表

InSAR 方法		应用环境	适应灾害类型	SAR 数据频率（景/a）	SAR 数据数量	最高监测速率精度	监测幅度（年累计变形量）
D-InSAR	单 D-InSAR	适用于 SAR 数据时间间隔短和天气/季节接近的环境，以避免受到过多的时间去相干和大气的影响。高相干、中短空间基线	滑坡、泥石流、地面沉降、地面塌陷	无限制	2	cm	cm～dm
TS-InSAR	PS-InSAR	适用于 SAR 数据时间间隔长、监测区天气条件差异大的环境。可以获取 PS 点的变形时间序列、DEM 改正值和所有 SAR 影像的大气延迟量。点相干、短空间基线	滑坡、崩塌、泥石流、地面沉降、地裂缝、地面塌陷	≥4	≥16	mm	mm～dm
	SBAS-InSAR	短时间基线高相干、长时间基线低相干。通过较多的 SAR 干涉组合，获取灾害变形时间序列信息	滑坡、泥石流、地面沉降、地裂缝、地面塌陷	≥4	≥5	cm	mm～dm
	IPTA-InSAR	适用于 SAR 数据时间间隔长、监测区天气条件差异大的环境。可以获取 PS 点的变形时间序列、DEM 改正值和所有 SAR 影像的大气延迟量	滑坡、崩塌、泥石流、地面沉降、地裂缝、地面塌陷	≥4	≥8	mm	mm～dm
CR-InSAR		低相干，CR 需提前布设	滑坡、崩塌、泥石流、地面沉降、地裂缝、地面塌陷	无限制	≥2	亚毫米	mm～dm
Offset-SAR		适用于 SAR 数据时间间隔长、监测区天气条件差异大、地质灾害体变形量大、变形梯度大的环境	滑坡、泥石流、地面塌陷	无限制	≥2	亚像素分辨率	米至百米
上述方法组合		所有变形尺度的地质灾害监测					

附 录 F
（规范性附录）
人工角反射器（CR）及其雷达后向散射横截面

F.1 三面角反射器几何结构

三面角反射器几何结构应符合图 F.1 规定的比例关系。

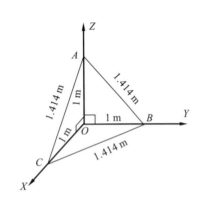

图 F.1 边长为 1 m 的三面角反射器几何结构图　　图 F.2 升降轨模式下 CR 底边定向示意图

F.2 升降轨模式下 CR 底边定向

SAR 卫星升降轨右视模式下 CR 底边方位应符合图 F.2 的规定。

F.3 雷达后向散射横截面

雷达后向散射横截面（RCS）是衡量一个物体将信号反射到雷达信号接收装置能力大小的物理量，RCS 越大，表示该方向上反射的信号强度越大。在角反射器（CR）的设计中，为准确地将角反射器与其他背景地物区别开，需要计算 RCS。现以单面形状为等腰直角三角形的三面角反射器为例，其 RCS 计算公式如下：

$$\sigma_{max}=\frac{4\pi a^4}{3\lambda^2} \quad 或 \quad \sigma_{max}=\frac{\pi l^4}{3\lambda^2} \quad\quad\quad\quad\quad\quad (F.1)$$

$$\sigma(dB)_{max}=10\lg(\sigma_{max}) \quad\quad\quad\quad\quad\quad (F.2)$$

式中：

σ_{max}——最大散射截面（m^2）；

$\sigma(dB)_{max}$——最大散射截面（分贝）；

a——等腰三角形直角边边长（m）；

λ——雷达波长（m）；

l——等腰直角三角形的斜边边长（m）。

附 录 G
（资料性附录）
成果报告提纲

第一章 概述

项目概况、以往工作程度分析与评述、工作区范围、本次工作概况

第二章 地质背景

地形地貌与地表覆盖物、区域地层岩性、活动构造和地震、人类活动、地质灾害发育概况等

第三章 InSAR 技术方法与工作流程

一、InSAR 工作原理与进展

二、技术路线

三、本项目采用的主要技术方法

第四章 InSAR 数据处理过程

一、采用的 SAR 数据说明

包括数据类型、采集方案、分辨率、数据量、时空基线、分辨率、入射角、轨道等

二、数据处理过程

包括数据预处理，D-InSAR 数据处理与有效数据对选取，TS-InSAR、Offset-SAR 数据处理采用的关键参数，干涉和解缠过程中难题的处理、精度评价等

三、数据处理结果

包括各种方法监测得到的线性、非线性变形结果的说明

第五章 InSAR 监测结果综合分析

一、各数据观测结果比较

二、区域变形分析

包括区域变形值分析、构造变形验证、对区域变形异常的解释等

三、单体地质灾害变形分析

包括构造因素影响的灾害体变形、岩土体性质影响的灾害体变形、地下水波动影响的灾害体变形、人类活动影响的灾害体变形等

第六章 结论与建议

一、取得的主要结论

二、存在的问题与建议

参考文献

附图及相关附件